STRATOVERSO

Fabio Berti

Copyright © 2024 Fabio Berti

Tutti i diritti riservati.

Codice ISBN:9798303820241

Prefazione

L'universo, con la sua complessità e il suo mistero, è sempre stato oggetto di indagine da parte delle menti più curiose e illuminate. Questo libro nasce dall'intento di proporre una visione innovativa, unendo riflessioni scientifiche, ipotesi concettuali e una rigorosa metodologia per esplorare i meccanismi fondamentali del cosmo. Lo Stratoverso, come descritto in queste pagine, rappresenta un modello cosmologico unico, capace di abbracciare tanto la dimensione fisica quanto quella filosofica, cercando di svelare il dinamismo sottostante che regola la struttura dell'universo.

Non c'è arroganza in queste righe, solo un profondo desiderio di contribuire al panorama scientifico, offrendo nuovi spunti di riflessione e aprendo la porta a futuri sviluppi. La teoria qui proposta non è un punto d'arrivo, ma una base per ulteriori esplorazioni, un invito alla comunità scientifica e filosofica a indagare più a fondo e a costruire insieme una comprensione sempre più raffinata del cosmo.

Attraverso quattordici capitoli, esploreremo la nascita, l'evoluzione e le dinamiche dello Stratoverso, passando attraverso concetti chiave come la singolarità distribuita, l'inversione delle frecce spazio-temporali e la straordinaria geometria della sfera di Dio. Ogni argomento è stato trattato con cura e dedizione, con l'obiettivo di mantenere un linguaggio accessibile ma rigoroso, che possa stimolare sia il lettore curioso che lo studioso esperto.

Questo libro rappresenta un piccolo passo verso l'infinito. La speranza è che queste idee, nate dall'incontro tra pensiero umano e ispirazione, possano suscitare interesse e dibattito, contribuendo alla grande avventura della conoscenza.

Introduzione

Nel corso dei secoli, abbiamo sviluppato teorie per cercare di comprendere il funzionamento del cosmo, dai modelli geocentrici a quelli eliocentrici, dalla teoria della relatività alla meccanica quantistica. Eppure, ogni risposta sembra aprire nuove domande. Che cos'è il tempo? Come interagiscono spazio e materia? Qual è il destino ultimo? E soprattutto, qual è il nostro ruolo in questo grandioso scenario?

In questo libro, proponiamo una nuova prospettiva: il modello dello Stratoverso.

Immaginate un sistema di universi sferici, disposti in strati concentrici, uno racchiuso dentro l'altro. Ogni universo segue il proprio ciclo di espansione, stasi e contrazione, influenzando e interagendo con gli altri in un dinamismo continuo. Al centro di questa teoria si trovano concetti rivoluzionari, come la singolarità distribuita, l'orizzonte degli eventi come meccanismo di conservazione delle informazioni, e l'inversione delle frecce spazio-temporali.

Nel corso del libro, approfondiremo come questi fenomeni possano offrire nuove chiavi di lettura per alcune delle grandi questioni della cosmologia moderna e come le recenti osservazioni astronomiche, che hanno individuato galassie apparentemente più antiche del Big Bang, mettano in discussione i modelli cosmologici tradizionali.

Fornendo un modello visivamente elegante e scientificamente stimolante. Dalla geometria della sfera di Dio, che unisce passato e futuro, infinitamente grande e infinitamente piccolo, alle dinamiche delle emissioni toroidali che rimescolano materia e spazio-tempo, lo Stratoverso emerge come una struttura pulsante, viva, che trascende i confini della nostra immaginazione.

Questo viaggio non è solo scientifico, ma anche filosofico. Lo Stratoverso ci invita a ripensare il nostro posto nell'universo, a considerare le infinite interconnessioni tra il microcosmo e il macrocosmo, e a vedere il cosmo come un'entità in continua trasformazione.

Lungi dall'essere una conclusione definitiva, questo libro è un invito ad approfondire, a discutere e a migliorare. Ogni idea qui espressa è un tassello in un mosaico ancora in costruzione, un passo verso una comprensione più profonda dell'universo che ci circonda e che ci abita.

Benvenuti nel cuore dello Stratoverso, un viaggio attraverso le strutture nascoste dell'infinito e della coscienza.

Capitolo 1 - Concetto di Stratoverso, Entanglement e Backup Cosmico

La Struttura dello Stratoverso: Bolle Concentriche

Lo Stratoverso è una struttura multidimensionale composta da "bolle concentriche" di universi, definiti "universi-strato", ciascuno racchiuso all'interno di un altro. Immaginate una serie di sfere nidificate, come una matrioska cosmica: ogni universo-strato occupa una posizione specifica in questo schema, interagendo con gli strati "sovrastanti" e "sottostanti". Questi universi non sono entità isolate, ma interconnesse in modo intrinseco, creando un sistema complesso e armonico.

Le bolle esterne si espandono verso l'infinitamente grande e le bolle interne si restringono nell'infinitamente piccolo.

Ogni universo-strato ha un ciclo vitale unico che segue fasi di espansione, stasi e contrazione. Tuttavia, quando un universo collassa, non si limita a esistere come singolarità isolata. Il suo collasso è strettamente legato alla sua relazione con gli universi che lo circondano, influenzando e alimentando l'intero sistema.

Il Processo di Collasso e il Punto di Vista degli Osservatori

Quando un universo-strato entra nella fase di contrazione, si verifica un fenomeno che possiamo definire come "singolarità distribuita". L'intera superficie interna dell'universo-strato si condensa gradualmente verso la superficie dell'universo sottostante. Tuttavia, per chi osserva questo evento dallo strato sottostante, ciò che appare come una contrazione totale della materia e dello spazio è percepito come un'espansione infinita.

Questo doppio punto di vista è fondamentale per comprendere lo Stratoverso. Per un osservatore che vive in un universo-strato in espansione, il tempo si muove in avanti e lo spazio si dilata. Al contrario, un osservatore in uno strato in contrazione percepisce un ritorno verso il passato e una compressione dello spazio. Questo intreccio di prospettive crea una realtà in cui il tempo e lo spazio non sono assoluti, ma dipendono dalla posizione dell'osservatore all'interno dello Stratoverso.

Entanglement Cosmico: Connessioni tra Strati Sovrastanti e Sottostanti

Ogni universo-strato nello Stratoverso è collegato agli altri da una rete di interazioni che richiamano il fenomeno dell' "entanglement quantistico". In questo schema, il comportamento di uno strato non è indipendente, ma influenza direttamente quelli sovrastanti e sottostanti.

Quando un universo-strato collassa in una singolarità distribuita, le onde gravitazionali e l'energia residua si trasferiscono agli strati vicini. Questi trasferimenti non solo stabilizzano il sistema complessivo, ma favoriscono anche l'espansione o la contrazione degli strati coinvolti.

È come se lo Stratoverso respirasse: ogni espansione e contrazione si propaga attraverso il sistema, mantenendo l'armonia dell'insieme.

Il Backup Cosmico: Conservazione delle Informazioni

Un aspetto centrale dello Stratoverso è il concetto di backup cosmico, che garantisce che nulla vada perduto. Quando un universo-strato collassa, tutta la sua energia e informazione viene immagazzinata su una superficie bidimensionale, nota come orizzonte degli eventi. Questo confine
non è solo una barriera fisica, ma una memoria cosmica che conserva l'essenza di ciò che è stato.

Le informazioni contenute nell'orizzonte degli eventi non rimangono inattive. Quando le condizioni sono favorevoli, possono essere rilasciate per influenzare gli strati sovrastanti e sottostanti, oppure contribuire alla nascita di nuovi universi. Questo meccanismo non solo rispetta il principio di conservazione dell'informazione, ma lo eleva a pilastro fondamentale della dinamica dello Stratoverso.

La Meccanica del Respiro Cosmico

Il comportamento degli universi-strato nello Stratoverso è simile a un "respiro cosmico":

1. Espansione (S⬆) Gli universi-strato in fase di espansione tendono a trasferire energia agli strati sovrastanti, contribuendo alla loro crescita e stabilità.

2. Contrazione (S⬇): Gli universi-strato in contrazione cedono energia e materia agli strati sottostanti, favorendo la loro evoluzione o il completamento dei loro cicli.
3. Stasi (S~): Uno stato intermedio in cui gli strati rimangono relativamente stabili, fungendo da collegamento tra le fasi di espansione e contrazione.

Un Sistema Frattale e Ciclico

Lo Stratoverso presenta caratteristiche che ricordano i frattali: ogni strato può essere visto come un'unità autonoma, ma interconnessa. Questo modello suggerisce che i cicli di espansione e contrazione si ripetano su scale diverse, dall'infinitamente piccolo all'infinitamente grande.

Un Nuovo Paradigma Universale

Lo Stratoverso non è solo una struttura fisica, ma un sistema che unisce tempo, spazio, energia e informazione in un equilibrio dinamico. Grazie al concetto di "entanglement cosmico" e al "backup cosmico", ogni evento, ogni ciclo e ogni informazione contribuiscono al continuo evolversi di un sistema più grande e interconnesso.

Capitolo 2 - Lo Stratoverso Bidimensionale Olografico: Esplorazione del Modello Olografico del Cosmo

Introduzione al Modello Bidimensionale Olografico

Il modello bidimensionale olografico dello Stratoverso fornisce una chiave di lettura essenziale per comprendere come il cosmo conservi e rigeneri le informazioni durante le sue fasi di espansione e contrazione. In questa visione, l'orizzonte degli eventi diventa un elemento cardine, non come un punto isolato ma come una "singolarità distribuita", una superficie bidimensionale che agisce come un deposito cosmico di informazioni.

Questa prospettiva si basa sul "principio olografico", secondo il quale tutte le informazioni contenute in un volume tridimensionale possono essere rappresentate sulla sua superficie bidimensionale. Applicando questa idea allo Stratoverso, ogni universo-strato proietta le proprie informazioni sull'orizzonte degli eventi, garantendo che nulla venga perduto durante il ciclo cosmico.

L'orizzonte degli eventi come Singolarità Distribuita

L'orizzonte degli eventi, nel contesto dello Stratoverso, non è un confine netto o isolato. Invece, si manifesta come una "singolarità distribuita" che copre uniformemente tutta la superficie interna dell'universo collassante, corrispondente alla superficie esterna dell'universo sottostante. Questa distribuzione garantisce che:

1. Le informazioni vengano conservate: Ogni dettaglio di un universo-strato viene registrato su questa superficie durante il collasso.
2. Il backup cosmico sia efficace: La singolarità distribuita funziona come un archivio bidimensionale, pronto a restituire le informazioni durante un successivo ciclo di espansione.

Il Ruolo del Backup Cosmico

Durante la fase di contrazione di un universo-strato, la materia e l'energia si concentrano sulla superficie della singolarità distribuita. Questo processo di collasso cosmico non distrugge le informazioni, ma le codifica in modo che possano essere "letto" e integrato nelle dinamiche dello Stratoverso. In questo modo, il backup cosmico:

- Preserva la continuità del cosmo: Nessuna informazione viene perduta, ma tutto viene trasmesso agli universi-strato sovrastanti e sottostanti.
- Favorisce la rigenerazione: Le informazioni codificate sulla singolarità distribuita alimentano le fasi successive del ciclo cosmico.

La Bidimensionalità dello Stratoverso

In questa visione bidimensionale, ogni universo-strato dello Stratoverso può essere visto come un "fotogramma olografico", una rappresentazione completa ma proiettata su una superficie bidimensionale. Quando un universo collassa, tutto ciò che lo compone viene trasferito su questa superficie, garantendo che la sua "essenza" venga conservata. Questo meccanismo riflette una delle più eleganti manifestazioni dell'unità cosmica.

Interazione tra Universi-Strato

Ogni universo-strato non esiste in isolamento ma interagisce con quelli sovrastanti e sottostanti attraverso la singolarità distribuita. Durante la fase di collasso:

- Le informazioni e le energie gravitazionali dell'universo collassante influenzano gli universi sovrastanti, propagando onde gravitazionali.
- Gli universi sottostanti ricevono un flusso di informazioni che influenza le loro dinamiche evolutive.

Questa interazione bidirezionale garantisce che ogni strato contribuisca al funzionamento dell'intero Stratoverso.

Una Visione Coerente

Il modello bidimensionale olografico ci invita a immaginare lo Stratoverso come un sistema integrato, dove ogni universo-strato è parte di un ciclo infinito di espansione e contrazione. La singolarità distribuita e l'orizzonte degli eventi giocano un ruolo centrale, fungendo da ponte tra passato e futuro, tra collasso e rinascita.

La bidimensionalità dello Stratoverso offre una comprensione profonda del cosmo come sistema olistico e interconnesso. Attraverso il principio olografico e la singolarità distribuita, scopriamo un universo dove nulla si perde, ma tutto viene conservato e rigenerato, pronto per un nuovo ciclo di creazione. Questo modello pone le basi per una comprensione più ampia della tridimensionalità dello Stratoverso, che verrà esplorata nei capitoli successivi.

Capitolo 3: Materia Oscura e Energia Oscura nello Stratoverso Sferico

In questo vasto e misterioso paesaggio, ci sono forze che non possiamo vedere, ma che sappiamo esistere. La materia oscura e l'energia oscura sono due dei più grandi enigmi della cosmologia moderna, eppure sono tra le forze più potenti che agiscono su scala cosmica. Non possiamo osservare direttamente queste entità, eppure sappiamo che la loro presenza è fondamentale per comprendere l'evoluzione dell'universo. E se ti dicessimo che la materia oscura e l'energia oscura non sono solo misteri del nostro universo, ma potrebbero essere le forze che legano insieme gli universi stessi, nel cuore pulsante di ogni bolla?

La Materia Oscura: La Colla Invisibile dello Stratoverso

Visualizza ora una galassia lontana. Le sue stelle, i suoi pianeti e la sua materia visibile formano una struttura incredibile, ma qualcosa di strano sta accadendo: la galassia sembra muoversi più velocemente di quanto la sua massa visibile permetterebbe. Come può essere? La risposta, come sappiamo, è la materia oscura. Questa sostanza misteriosa non emette luce, né interagisce con le forze elettromagnetiche, ma la sua gravità ha un effetto tangibile sugli oggetti che possiamo osservare. Ma cosa accadrebbe se questa materia oscura non fosse limitata alle galassie del nostro universo, ma fosse una forza che attraversa le bolle dello Stratoverso?

In uno Stratoverso sferico, la materia oscura potrebbe agire come una colla invisibile che tiene insieme non solo le stelle e le galassie all'interno di ogni bolla, ma anche le stesse bolle universali. Ogni universo sferico pulsante, potrebbe essere immerso in un mare di materia oscura che agisce come un filo cosmico tra universi vicini. Questa materia oscura potrebbe essere la forza che connette le bolle concentriche, rendendo possibile l'interazione tra di esse, anche se le loro leggi fisiche e la loro struttura interna sono completamente differenti.

Se la materia oscura è ciò che tiene insieme la nostra galassia, potrebbe essere anche ciò che mantiene intatto il tessuto cosmico che collega tutte le bolle concentriche. La materia oscura, come una rete invisibile, potrebbe legare insieme universi che altrimenti sarebbero separati, permettendo una forma di comunicazione o interazione che sfida la nostra comprensione della fisica. Ogni fluttuazione quantistica, ogni piccolo cambiamento nell'espansione di una bolla potrebbe propagarsi attraverso questa materia oscura, influenzando gli universi vicini.

L'Energia Oscura: Il Respiro Cosmico delle Bolle Concentriche

Se la materia oscura è la colla invisibile che lega insieme gli universi dello Stratoverso, l'energia oscura è la forza che li spinge a espandersi. Nel nostro universo, l'energia oscura è quella che accelera l'espansione dello spazio, una forza misteriosa che sembra opporsi alla gravità. Immagina ora che questa forza non sia limitata al nostro universo, ma che esista in ogni bolla, spingendo ogni universo verso l'infinito, come una forza cosmica che non può essere fermata.

L'energia oscura, in questo contesto, potrebbe essere la forza che alimenta il battito cosmico di ogni universo pulsante. Ogni bolla universale potrebbe essere in espansione a causa dell'energia oscura, e ogni volta che l'espansione accelera, potrebbe esserci una risonanza cosmica che si propaga tra bolle vicine. Quando l'energia oscura aumenta in una bolla, l'espansione accelera, creando una sorta di onda cosmica che potrebbe viaggiare da una bolla all'altra, influenzando l'equilibrio e la dinamica dell'intero Stratoverso.

Focalizzati su un respiro che si espande, un'espansione inarrestabile che non solo spinge la bolla verso l'infinito, ma che potrebbe anche essere una delle forze che guida il ciclo di nascita e morte degli universi.

L'energia oscura potrebbe quindi rappresentare la forza vitale dello Stratoverso, una corrente che scorre attraverso ogni bolla e che influenza il ritmo dell'espansione e della contrazione universale.

Le Interazioni tra Materia ed Energia Oscura nello Stratoverso

Se la materia oscura e l'energia oscura sono la forza gravitazionale e la forza espansiva nel nostro universo, cosa accadrebbe se queste forze si mescolassero in uno Stratoverso? La materia oscura potrebbe agire come un medium attraverso il quale le fluttuazioni quantistiche si propagano tra le bolle, mentre l'energia oscura potrebbe essere la forza che accende e alimenta l'espansione di ogni bolla. Potremmo immaginare un gioco complesso di interazioni, in cui le bolle più vicine si influenzano reciprocamente, creando una rete dinamica di espansione e contrazione.

In questo scenario, la materia oscura potrebbe essere il collante che permette alle bolle di interagire senza distruggere la loro struttura unica. E l'energia oscura, come una forza universale, potrebbe dare vita a una danza cosmica che accende e spegne i cuori pulsanti dei vari universi. Ogni fluttuazione in una bolla potrebbe avere un impatto sull'espansione di un universo vicino, creando una rete interconnessa che va oltre i confini di ogni singolo universo.

Uno Stratoverso Vivo e Interconnesso

Se la materia oscura e l'energia oscura sono le forze che legano insieme il nostro universo, nello Stratoverso a bolle esse potrebbero svolgere un ruolo ancora più profondo, influenzando la struttura stessa dello Stratoverso. Queste forze non sono solo i misteri cosmologici che dobbiamo comprendere per il nostro universo, ma potrebbero essere la chiave per capire l'intero respiro cosmico che collega tutte le bolle dello Stratoverso.

Le bolle universali non sono entità isolate, ma parte di un ciclo cosmico più grande, in cui la materia oscura e l'energia oscura sono le forze che permettono a tutto di esistere e interagire. In questo vasto Stratoverso, la pulsazione delle bolle non è mai solitaria: è il battito di un cuore cosmico che risonante attraverso infinite dimensioni, creando la tessitura dell'universo, ora espandendosi, ora contraendosi.

Capitolo 4 - Lo Stratoverso Tridimensionale: Descrizione del Passaggio e della Complementarità tra Dimensioni Bidimensionali e Tridimensionali

Lo Stratoverso, come struttura cosmica, presenta una complessità affascinante che unisce dimensioni bidimensionali e tridimensionali in un modello coerente. In questo capitolo, esploriamo la tridimensionalità dello Stratoverso e la sua complementarità con la bidimensionalità olografica, analizzando come queste due rappresentazioni si integrino per formare un sistema dinamico e ciclico.

Dalla Bidimensionalità alla Tridimensionalità

Nella visione bidimensionale dello Stratoverso, ogni universo-strato è rappresentato dalla sua superficie, o orizzonte degli eventi, che conserva tutte le informazioni durante le fasi di collasso. La tridimensionalità, invece, descrive la manifestazione fisica e spaziale di questi universi-strato, disposti come bolle concentriche all'interno dello Stratoverso.

La transizione tra bidimensionalità e tridimensionalità si basa su due concetti fondamentali:
1. Memorizzazione delle informazioni: Durante il collasso di un universo-strato, le informazioni vengono codificate sulla sua superficie bidimensionale.
2. Rigenerazione tridimensionale: In fase di espansione, queste informazioni si traducono in una nuova struttura tridimensionale, creando un nuovo ciclo evolutivo.

Questo passaggio garantisce la continuità e l'equilibrio dinamico all'interno dello Stratoverso.

La Struttura Tridimensionale dello Stratoverso

Lo Stratoverso tridimensionale si configura come una serie di bolle concentriche (universi-strato) che si espandono e si contraggono ciclicamente. Questi cicli seguono tre stati principali:

1. Fase di Espansione (S⬆):
- Lo Stratoverso assume una forma sferica, con gli universi-strato esterni che si espandono verso l'infinitamente grande.
- L'espansione è guidata dalla dinamica interna della materia e dell'energia, che si propagano attraverso gli strati.

2. Fase Stazionaria (S~):
- Lo Stratoverso raggiunge uno stato di equilibrio temporaneo, in cui le forze di espansione e contrazione si bilanciano.
- Questo stato di transizione prepara il sistema per la successiva contrazione o espansione.

3. Fase di Contrazione (S⬇):
- Lo Stratoverso si trasforma in una struttura toroidale (Fig.1), con la materia che converge verso il centro e gli universi-strato interni che collassano progressivamente.

L'Orizzonte degli Eventi e la Singolarità Distribuita

Gli orizzonti degli eventi, descritti in precedenza, giocano un ruolo chiave nel mantenimento dell'equilibrio tra bidimensionalità e tridimensionalità.

Durante la fase di contrazione, le superfici degli universi-strato fungono da luoghi di condensazione delle informazioni, definendo ciò che chiamiamo "singolarità distribuita".

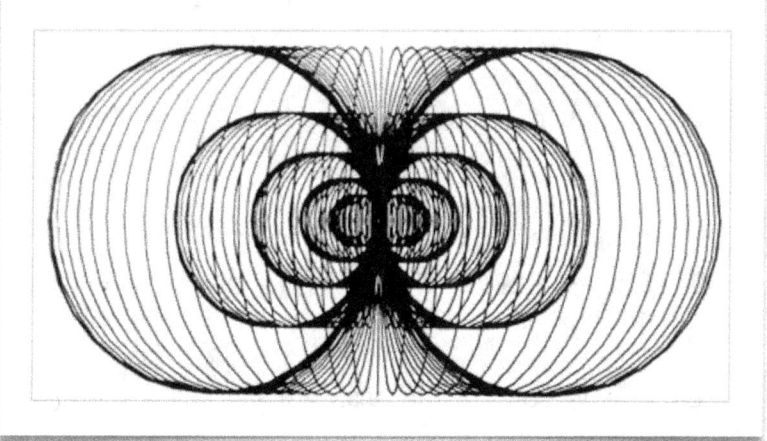

Fig.1

La singolarità distribuita, essendo estesa lungo la superficie dell'universo-strato, consente:
- La conservazione delle informazioni: Tutte le dinamiche interne di un universo-strato vengono

immagazzinate, pronte per essere utilizzate nella successiva rigenerazione.
- La continuità energetica: L'energia e la materia non vengono perdute, ma ridistribuite nel sistema tridimensionale.

Complementarità tra Bidimensionalità e Tridimensionalità

Il modello bidimensionale rappresenta l'aspetto informativo dello Stratoverso, mentre la tridimensionalità descrive la sua manifestazione fisica. Questa complementarità si esplica nei seguenti punti:
1. La bidimensionalità funge da "memoria" durante le fasi di collasso.
2. La tridimensionalità rappresenta la "rinascita" e l'espansione dello Stratoverso.

Questa dualità non è un conflitto, ma una rappresentazione di come il cosmo riesca a mantenere la sua struttura attraverso cicli infiniti.

Lo Stratoverso tridimensionale completa e arricchisce la comprensione del modello cosmico olografico. La sua struttura a bolle concentriche, in continua espansione e contrazione, dimostra l'eleganza di un sistema interconnesso e dinamico. Il passaggio tra dimensioni, guidato dalla singolarità distribuita e dagli orizzonti degli eventi, rivela un universo ciclico in cui ogni fase è un preludio alla successiva, creando un sistema cosmico in costante evoluzione. Nei prossimi capitoli, approfondiremo come queste dinamiche interagiscono con gli assi di formazione e altre strutture chiave del modello cosmologico.

Capitolo 5 - Gli Assi di Formazione: Analisi della Genesi degli Assi Spazio-Temporali e della Loro Curvatura

Gli assi di formazione, insieme ai punti di imprinting e outprinting, rappresentano i fondamenti strutturali dello Stratoverso. Attraverso le loro dinamiche si sviluppano le transizioni tra le diverse fasi dello Stratoverso: espansione (S⬆), Stasi (S~) e contrazione (S⬇).

Questo capitolo esplora come la curvatura degli assi conduca a una rappresentazione tridimensionale dello Stratoverso, attraversando le forme sferica, discoidale e toroidale.

La Genesi degli Assi Spazio-Temporali

Lo Stratoverso nasce come un sistema regolato da due assi fondamentali:

- Asse verticale (ordinate): Rappresenta la scala dello spazio e della massa/materia, dall'infinitamente piccolo all'infinitamente grande.

- Asse orizzontale (ascisse): Rappresenta lo scorrere del tempo, dall'infinitamente passato all'infinitamente futuro.

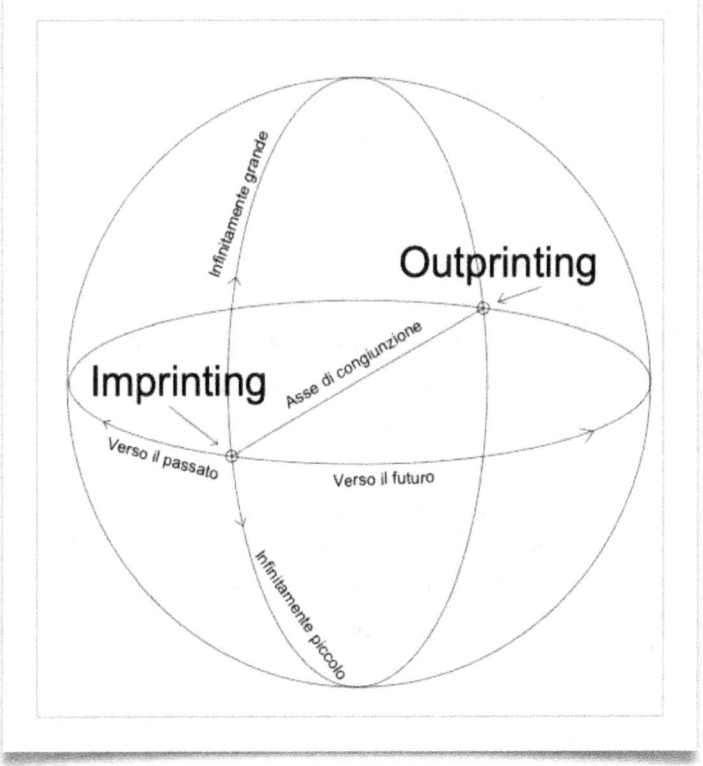

Fig.2

Questi assi definiscono uno spazio inizialmente indefinito, ma col tempo iniziano a piegarsi sotto l'influenza della materia e delle dinamiche cosmiche. Al centro di questo sistema si trovano i punti di "imprinting" e "outprinting" (Fig.2), che governano l'interazione tra spazio, tempo e materia.

Le Fasi dello Stratoverso

Lo Stratoverso attraversa tre fasi principali, ciascuna caratterizzata da una forma geometrica distinta e da un comportamento unico degli assi.

Fase 1: Espansione (S⬆) - Stratoverso Sferico
In questa fase:
- Lo Stratoverso assume una forma perfettamente sferica, con universi-strato concentrici.
- Gli assi si piegano gradualmente, ma mantengono una curvatura minima.
- I punti di imprinting e outprinting si trovano rispettivamente ai poli opposti della sfera. La materia
  si distribuisce uniformemente attraverso gli universi-strato, che si espandono progressivamente
  verso l'esterno.

Fase 2: Stasi (S~) - Stratoverso discoidale
Durante la stasi:
- Lo Stratoverso si stabilizza in una forma simile a un disco , con una leggera compressione ai poli e
  una curvatura più marcata degli assi.
- I punti di imprinting e outprinting si avvicinano gradualmente, spostandosi verso il centro.
- La dinamica interna degli universi-strato diventa più lenta, permettendo un equilibrio temporaneo
  tra espansione e contrazione.

Fase 3: Contrazione (S⬇) - Stratoverso Toroidale
Nella contrazione:

- Lo Stratoverso assume una forma toroidale, con una curvatura estrema degli assi.
- I punti di imprinting e outprinting si toccano, innescando una trasformazione critica.
- Questa unione crea una struttura tridimensionale che ricorda un'elica cosmica, simboleggiata dai due simboli dell'infinito che si formano nel contatto.

Il Ruolo del Punto di Outprinting

Il punto di outprinting è cruciale nella fase di contrazione:
1. Unione degli infiniti: Quando il punto di outprinting si tocca con il punto di imprinting, l'infinitamente piccolo si unisce all'infinitamente grande e l'infinitamente passato si intreccia con l'infinitamente futuro.
2. Creazione del Toroide: Questo contatto porta alla trasformazione della sfera in un toroide, favorendo l'emissione di materia e l'inversione dei flussi di spazio e tempo.

La Curvatura degli Assi e il Simbolismo dell'Elica

Gli assi di formazione, inizialmente lineari, si piegano gradualmente:
- Durante l'espansione (S⬆), gli assi si piegano leggermente, creando una "circonferenza bidimensionale" che evolve verso una rappresentazione tridimensionale.
- Nella fase di stasi (S~), gli assi si curvano ulteriormente, avvicinando i poli e formando il disco.

- Durante la contrazione (S⬇), la curvatura estrema degli assi crea una doppia elica cosmica (Fig.2)

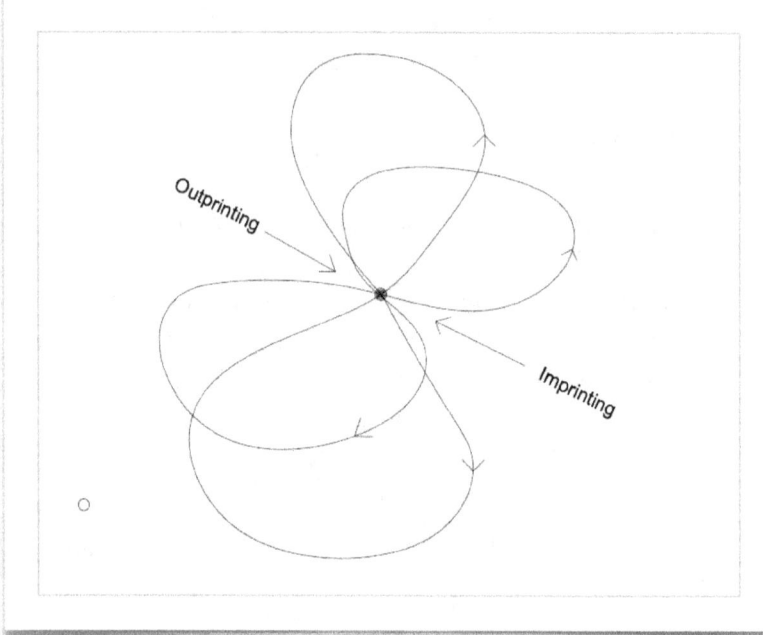

Fig.2

tridimensionale. In questa fase, i punti di imprinting e outprinting non solo si toccano, ma attivano il processo di inversione delle frecce.

Complementarità tra Dimensioni Bidimensionali e Tridimensionali

Lo Stratoverso unisce il mondo bidimensionale e tridimensionale:
- Bidimensionale: Gli assi curvati e i punti di imprinting e outprinting fungono da nodi bidimensionali, responsabili dello scambio di materia e informazione.
- Tridimensionale: La curvatura progressiva trasforma il sistema bidimensionale in una struttura tridimensionale pulsante, caratterizzata dalla transizione tra le fasi sferica, discoidale e toroidale.

Blazar e Quasar, Manifestazioni Locali delle Dinamiche dello Stratoverso

L'osservazione di fenomeni cosmici estremi, come i quasar e i blazar, offre uno spunto affascinante per comprendere meglio le dinamiche dello Stratoverso. In particolare, il blazar 3C 279, distante circa 5 miliardi di anni luce dalla Terra, mostra un getto di emissione altamente collimato che ricorda la configurazione dell'outprinting previsto nel modello dello Stratoverso.

Blazar, Quasar e il Ruolo dei Buchi Neri Supermassicci

I quasar (quasi-stellar objects) sono nuclei galattici attivi alimentati da buchi neri supermassicci che accrescono enormi quantità di materia. Quando questi oggetti sono orientati in modo tale che il loro getto relativistico punta direttamente verso di noi, vengono classificati come blazar.

L'emissione di un blazar avviene attraverso potenti getti di plasma che emergono dai poli del buco nero centrale, probabilmente alimentati da processi di riconnessione magnetica ed effetti relativistici estremi. Ciò che è particolarmente interessante è la struttura di questi getti: alcune osservazioni hanno rivelato morfologie a doppia elica, suggerendo la presenza di un campo magnetico toroidale che guida il flusso di materia ed energia.

Un Collegamento con lo Stratoverso?

Se consideriamo lo Stratoverso come un sistema in cui il flusso di materia e informazione avviene tramite cicli di imprinting e outprinting, allora i blazar potrebbero rappresentare un'analogia locale di questo fenomeno. Nel nostro modello:

- I buchi neri supermassicci potrebbero fungere da accumulatori temporanei di materia e informazione, analoghi alle fasi di imprinting nello Stratoverso.
- I getti di emissione relativistici potrebbero essere un esempio di outprinting, in cui l'energia accumulata viene espulsa in forma ordinata, seguendo precise strutture geometriche, simili alle formazioni toroidali descritte nel nostro modello.

L'Emissione a Doppia Elica e lo Stratoverso

Un aspetto particolarmente interessante è che in alcuni quasar e blazar si sono osservati getti di emissione a doppia elica. Questo ricorda la geometria ipotizzata nello Stratoverso, dove l'incontro tra imprinting e outprinting potrebbe generare strutture simili. Se questi fenomeni avvengono su scala galattica, allora possiamo ipotizzare che lo stesso principio valga per strutture cosmologiche più grandi, fino a raggiungere le dinamiche globali dello Stratoverso.

Conclusione: Un Micro-Stratoverso Locale?

Sebbene sia improbabile che 3C 279 rappresenti uno Stratoverso esterno al nostro, è possibile che i blazar e i quasar siano esempi locali di dinamiche che avvengono su scala più ampia nello Stratoverso stesso. Questo suggerisce che le strutture cosmiche possano essere auto-simili a diverse scale, un concetto che rafforza l'ipotesi di un universo organizzato secondo schemi frattali e ciclici.

L'analisi di questi oggetti potrebbe quindi fornire ulteriori prove a sostegno del modello dello Stratoverso, aprendo nuove strade per la ricerca cosmologica e offrendo una prospettiva inedita sull'origine e l'evoluzione della materia e della coscienza nell'universo.

Capitolo 6 - La Sfera di Dio: Studio della Forma Geometrica e del Significato Simbolico

La "Sfera di Dio" rappresenta uno dei concetti più affascinanti e profondi dello Stratoverso, fungendo da chiave di volta tra il mondo fisico e le dinamiche cosmiche universali. In questo capitolo, esamineremo come la sfera di Dio sintetizzi le dimensioni bidimensionali e tridimensionali dello Stratoverso, simbolizzando l'unità tra l'infinitamente grande e l'infinitamente piccolo, l'infinitamente passato e l'infinitamente futuro. Approfondiremo il suo significato geometrico, dinamico e simbolico, nonché il ruolo che svolge nell'evoluzione del cosmo.

La Genesi della Sfera di Dio

La sfera di Dio emerge dalla curvatura degli assi spazio-temporali del piano cartesiano bidimensionale. Questo processo è il risultato dell'influenza della materia e dell'energia dello Stratoverso, che piega progressivamente gli assi:
- L'asse delle ordinate, che rappresenta la dimensione dello spazio e della massa/materia, si curva
  fino a collegare l'infinitamente grande con l'infinitamente piccolo.
- L'asse delle ascisse, che rappresenta il tempo, si piega fino a unire l'infinitamente passato con
  l'infinitamente futuro.

Quando questi due assi si chiudono in circonferenze, formano la base per la Sfera di Dio, un'entità geometrica che esprime l'equilibrio perfetto tra tutte le forze e dimensioni del cosmo.

La Forma Geometrica della Sfera di Dio

La sfera di Dio è una geometria perfetta che combina:
1. Simmetria bidimensionale: Vista come un cerchio completo, rappresenta la totalità degli eventi e
   delle masse distribuite uniformemente in un sistema finito ma ciclico.
2. Espansione tridimensionale: Quando proiettata nello spazio tridimensionale, la sfera assume una
   struttura in grado di contenere tutti gli universi-strato dello Stratoverso, racchiudendo al
   contempo la complessità e l'armonia dell'intero sistema.

Il suo ruolo nella dinamica cosmica si manifesta attraverso il passaggio ciclico delle fasi dello Stratoverso:

- Nella fase di espansione (S⬆), la sfera si sviluppa verso l'esterno, mantenendo la sua forma
  armonica.
- Durante la fase di stasi (S~), la curvatura si intensifica, anticipando la trasformazione toroidale.
- Nella fase di contrazione (S⬇), la sfera evolve in un toroide, ma il suo simbolismo rimane intatto,
  simboleggiando la continuità del ciclo cosmico.

La Dinamica Interna della Sfera di Dio

La Sfera di Dio non è un'entità statica ma una forma dinamica che regola il flusso di materia, energia e informazione tra i suoi elementi costitutivi:

1. Punti di imprinting e outprinting:
   - Questi punti, situati ai poli opposti della sfera, rappresentano i nodi di scambio attraverso cui si verificano i flussi cosmici.
   - Durante la contrazione, i punti si avvicinano fino a toccarsi, dando origine al toroide e all'inversione delle frecce di tempo e materia.
2. Connessione tra dimensioni:
   - All'interno della sfera, ogni universo-strato si collega agli altri attraverso un equilibrio dinamico, simile a una rete frattale. Questa struttura consente il trasferimento continuo di energia e informazioni.

Il Simbolismo della Sfera di Dio

La sfera di Dio rappresenta il punto di incontro tra la scienza e il significato filosofico dell'universo:

1. Unità degli opposti:
   - Collegando l'infinitamente grande e l'infinitamente piccolo, l'infinitamente passato e l'infinitamente futuro, la Sfera di Dio incarna l'idea di un universo olografico in cui ogni parte contiene il tutto.
2. Simbolo di ciclicità:
   - Il passaggio dalla sfera al toroide e ritorno alla sfera riflette il perpetuo movimento del cosmo,

senza inizio né fine.
3. Manifestazione di ordine cosmico:
- La geometria perfetta della sfera evoca un ordine universale, mostrando come le forze caotiche dell'universo siano in realtà governate da leggi armoniche.

Complementarità con lo Stratoverso

La Sfera di Dio non è un'entità separata dallo Stratoverso, ma ne rappresenta la forma ideale durante la fase di espansione. Mentre lo Stratoverso evolve attraverso le fasi discoidale e toroide, il principio della sfera rimane presente, ricordandoci che ogni fase è parte di un ciclo universale più grande.

La Sfera di Dio rappresenta un modello geometrico e simbolico che sintetizza le dimensioni fisiche e metafisiche del cosmo. Attraverso il suo ruolo centrale nello Stratoverso, questa entità dimostra come scienza, geometria e filosofia possano convergere per offrire una comprensione più profonda dell'universo. La sua perfezione e armonia sono un invito a esplorare ulteriormente le leggi che governano il nostro mondo e oltre.

Approfondimento sull'Influenza del tempo nella sfera di Dio e nello Stratoverso

Il tempo, una delle coordinate fondamentali del nostro universo, assume un ruolo ancora più centrale all'interno del modello dello Stratoverso e della sfera di Dio. In questo approfondimento, esploreremo come il tempo non solo sia una dimensione essenziale ma diventi anche un meccanismo di connessione, regolazione e trasformazione all'interno dello Stratoverso.

Il Tempo come Asse Fondamentale

All'interno dello Stratoverso bidimensionale, il tempo è rappresentato dall'asse delle ascisse, che si estende dall'infinitamente passato all'infinitamente futuro. La curvatura di questo asse, fino a formare una circonferenza, genera un'idea ciclica del tempo:
- Tempo lineare: Nella fase iniziale, il tempo appare come un flusso continuo che collega il passato al futuro.
- Tempo ciclico: Quando il tempo si curva e forma una circonferenza, si introduce l'idea che il passato e il futuro si incontrino, trasformando il tempo in una dimensione ricorsiva.

Questa transizione da lineare a ciclico è uno degli aspetti più rivoluzionari del modello dello Stratoverso. Il tempo, anziché essere un'unica freccia che va in una direzione, diventa una grande onda, parte di un movimento perpetuo.

L'Influenza del Tempo sulle Fasi dello Stratoverso

Il tempo regola direttamente le tre fasi dello Stratoverso:

1. Stratoverso in Espansione (S⬆):
- Il tempo sembra scorrere "in avanti", favorendo l'evoluzione e l'espansione delle bolle concentriche.

- Gli osservatori percepiscono un'accelerazione del tempo verso il futuro, con una progressiva dilatazione dello spazio-tempo.

2. Stratoverso Stazionario (S~):
- In questa fase intermedia, il tempo assume una natura quasi sospesa. Gli universi-strato si trovano in un equilibrio dinamico, dove le forze di espansione e contrazione si bilanciano.
- Il tempo, anziché essere percepito come un flusso continuo, si manifesta come un'oscillazione stabile.

3. Stratoverso in Contrazione (S⬇):
- Il tempo sembra invertire la sua direzione per gli osservatori che collassano verso il centro. Questo fenomeno è percepito come un ritorno al passato, dove la contrazione dell'universo coincide con una regressione temporale apparente.

I Punti di Incontro del Tempo: Imprinting e Outprinting

Il tempo gioca un ruolo fondamentale nei punti di imprinting e outprinting:
- Punto di imprinting: Il tempo qui inizia come una freccia, dirigendosi verso un futuro indefinito.
 È il momento iniziale in cui gli universi-strato ricevono il loro "imprinting temporale", determinando la direzione iniziale del loro ciclo cosmico.
- Punto di outprinting: Questo è il momento in cui il tempo si inverte o si ricollega. Qui il passato e il futuro si toccano, dando luogo a una transizione

verso un nuovo ciclo.

Quando imprinting e outprinting si incontrano, il tempo, ormai curvato in una circonferenza, diventa una grande elica che collega tutti gli universi-strato. La circonferenza si piega ulteriormente, trasformandosi in un toroide che regola il flusso temporale nel passaggio tra fasi successive.

Tempo e Percezione degli Osservatori

Uno degli aspetti più affascinanti del tempo nello Stratoverso è come esso venga percepito dagli osservatori:
1. Nello Stratoverso in espansione: Gli osservatori percepiscono il tempo come una progressione lineare e accelerata verso il futuro.
2. Nello Stratoverso in contrazione: Gli osservatori possono percepire il tempo come un ritorno al passato, ripercorrendo eventi già avvenuti ma in una nuova prospettiva.
3. Nella sfera di Dio: Quando il tempo diventa ciclico, gli osservatori percepiscono simultaneamente passato, presente e futuro come un'unica realtà integrata.

Il Tempo come Forza Creatrice

Nel modello dello Stratoverso, il tempo non è solo una dimensione ma una forza attiva che contribuisce alla creazione e alla distruzione:
- Durante l'espansione, il tempo alimenta la nascita di nuove bolle universali, favorendo l'evoluzione

cosmica.
- Durante la contrazione, il tempo guida il collasso delle bolle, trasformando la materia e l'energia in una singolarità distribuita pronta per il prossimo ciclo.
- Nel passaggio tra imprinting e outprinting, il tempo permette lo scambio e il riciclo di informazioni, energia e coscienza tra le diverse fasi dello Stratoverso.

Il tempo, all'interno del modello dello Stratoverso, non è solo una variabile fisica ma una struttura dinamica che connette il passato, il presente e il futuro in un ciclo infinito. Attraverso il suo movimento, regola il ritmo dell'espansione, della contrazione e della rigenerazione cosmica, dimostrando che il tempo stesso è una delle forze fondamentali che sostengono l'armonia universale.

Capitolo 7: Lo Stratoverso Sferico: Equilibrio e Dinamiche dell'Espansione

Il concetto di Stratoverso sferico rappresenta una fase cruciale nell'evoluzione cosmica. È la configurazione iniziale e, in molti modi, la più familiare, poiché corrisponde a una struttura tridimensionale quasi perfetta, simile a una serie di bolle concentriche che rappresentano universi-strato distinti. Questo capitolo esplora la formazione, l'equilibrio e le dinamiche dello Stratoverso sferico, sottolineando la sua importanza nel ciclo cosmico.

La Nascita dello Stratoverso Sferico

Lo Stratoverso sferico emerge come risultato della curvatura degli assi spazio-temporali durante le fasi iniziali di formazione cosmica. All'inizio, il piano bidimensionale, governato dagli assi di spazio e tempo, si piega sotto l'influenza della materia e dell'energia. Questa curvatura porta alla creazione di una serie di bolle concentriche tridimensionali, disposte una dentro l'altra.

1. Gli Universi-Strato:
- Ogni bolla rappresenta un universo-strato con un proprio ciclo di espansione, contrazione e interazioni interne.
- Le bolle sono interconnesse attraverso la singolarità distribuita, che conserva informazioni e governa le dinamiche tra gli strati.

2. Il Cuore Iperdenso:
- Al centro dello Stratoverso si trova il nucleo iperdenso, che funge da fonte di energia e gravità per l'intera struttura.
- Questo cuore è il punto di equilibrio gravitazionale che mantiene stabile la disposizione sferica delle bolle.

Le Fasi di Espansione nello Stratoverso Sferico

Nella configurazione sferica, il modello di espansione (S⬆) domina le dinamiche cosmiche:

1. Dilatazione degli Strati:
- Gli universi-strato più interni si espandono sotto l'influenza delle forze gravitazionali generate dal nucleo iperdenso.
- La materia e l'energia si propagano verso l'esterno, alimentando gli strati successivi.

2. Interazione tra Universi-Strato:
- Gli strati più esterni ricevono l'energia residua dagli strati interni, mantenendo una crescita equilibrata.
- La trasmissione delle onde gravitazionali attraverso la singolarità distribuita assicura che le informazioni e le dinamiche siano sincronizzate.

3. L'Espansione Accelerata:
- Gli strati esterni si espandono a una velocità maggiore, grazie alla presenza di energia oscura, che agisce come un acceleratore cosmico.

Stabilità e Transizioni

Nonostante l'apparente semplicità, lo Stratoverso sferico si trova in uno stato di delicato equilibrio, costantemente influenzato dalle dinamiche interne ed esterne.

1. Il Rischio di Instabilità:
- Le interazioni gravitazionali tra gli universi-strato possono portare a perturbazioni, come contrazioni parziali o squilibri locali.
- Questi eventi possono preannunciare la transizione verso una fase di stasi (S~).

2. La Fase di Transizione:
- Quando le forze gravitazionali interne e l'espansione esterna raggiungono un equilibrio instabile, lo Stratoverso sferico si appiattisce leggermente, assumendo la configurazione discoidale.

Il Ruolo degli Osservatori

Dal punto di vista degli osservatori situati in uno degli universi-strato:
- Lo Stratoverso sferico appare come uno spazio apparentemente infinito, dove la materia e l'energia si distribuiscono uniformemente.
- L'interazione tra strati sovrastanti e sottostanti non è direttamente percepibile, poiché l'orizzonte degli eventi agisce come un confine che separa le bolle, pur permettendo lo scambio di informazioni.

Il Significato dello Stratoverso Sferico

1. Fase di Massima Espansione:
- Lo Stratoverso sferico rappresenta il momento di massima espansione cosmica, dove tutte le dinamiche sono orientate verso l'esterno.
- Questa configurazione offre l'ambiente ideale per la crescita e l'evoluzione degli universi-strato.

2. Simmetria e Armonia:
- La forma sferica riflette un equilibrio perfetto tra le forze interne ed esterne, sottolineando l'eleganza del modello cosmico.

Lo Stratoverso sferico non è solo una configurazione geometrica, ma un simbolo dell'ordine cosmico e dell'equilibrio tra forze opposte. È il punto di partenza per tutte le fasi successive dello Stratoverso, offrendo una visione chiara e armoniosa della complessità dell'universo. La sua bellezza risiede nella semplicità della sua forma e nella profondità delle sue dinamiche interne, un preludio alle trasformazioni future del cosmo.

Capitolo 8: Lo Stratoverso Discoidale: Lo Stratoverso in Stato Intermedio

Nella ciclicità dello Stratoverso, la fase discoidale rappresenta un momento intermedio di transizione. Questa configurazione si distingue per la forma schiacciata e discoidale dello Stratoverso, che prelude a una transizione significativa verso le fasi di contrazione o di espansione. Analizziamo in dettaglio questa fase, il suo significato e le dinamiche che la caratterizzano.

La Forma discoidale: Geometria e Simbolismo

La configurazione a forma di discoidale emerge come una naturale conseguenza dell'equilibrio dinamico tra espansione e contrazione:

1. Geometria del disco:
- Lo Stratoverso, in questa fase, è schiacciato ai poli nord e sud.
- Le bolle concentriche degli universi-strato iniziano a comprimersi leggermente verso il centro, creando un appiattimento graduale.
- Questa forma intermedia mantiene ancora le caratteristiche sferiche interne, ma con una curvatura meno pronunciata ai poli.

2. Simbolismo della Stasi:
- La forma discoidale è un momento di equilibrio instabile, una pausa nel respiro cosmico dello Stratoverso.
- Simboleggia un sistema che non è ancora pronto a

scegliere tra l'espansione ulteriore o la contrazione.

Dinamiche dello Stratoverso discoidale

Lo Stratoverso discoidale rappresenta una fase delicata, dove le forze di espansione e contrazione raggiungono una temporanea armonia:

1. Bilanciamento delle Forze:
- La spinta gravitazionale verso il centro è bilanciata dall'energia di espansione generata dagli strati più interni.
- Gli universi-strato più vicini al centro iniziano a mostrare segni di contrazione, mentre quelli più esterni mantengono una leggera espansione.

2. Curvatura degli Assi:
- Durante questa fase, gli assi spazio-temporali iniziano a curvarsi ulteriormente verso il centro dello Stratoverso.
- La curvatura si intensifica ai poli, portando a una forma più discoidale che prepara lo Stratoverso per il passaggio successivo.

3. Fluttuazioni Interne:
- Onde gravitazionali e variazioni di densità attraversano lo Stratoverso, creando un ambiente dinamico ma stabile.
- Queste fluttuazioni possono influenzare la transizione successiva, determinando se il sistema

passerà alla fase di contrazione (S⬇) o tornerà a una fase di espansione (S⬆).

Il Ruolo degli Osservatori

Dal punto di vista degli osservatori, la fase discoidale può apparire come un momento di relativa quiete:
1. Esperienza Locale:
- Gli universi-strato interni mostrano segni di contrazione, come una leggera riduzione delle distanze tra gli oggetti cosmici.

Il Ruolo degli Osservatori
1. Esperienza Locale:
- Gli universi-strato interni mostrano segni di contrazione, come una leggera riduzione delle distanze tra gli oggetti cosmici.
- Gli strati più esterni, invece, appaiono ancora in espansione, anche se a un ritmo rallentato, generando un equilibrio apparente.
2. Percezione della Stasi:
- Per un osservatore interno, la fase discoidale può sembrare un periodo di stabilità cosmica.
  Tuttavia, questa stasi è solo un'illusione: lo Stratoverso è in realtà in una delicata transizione verso la successiva fase dinamica.

Transizione verso Altre Fasi

Lo Stratoverso discoidale rappresenta un punto di passaggio critico nel ciclo cosmico:

1. Verso la Contrazione:
- Se la gravità prevale sulle forze di espansione, lo Stratoverso evolve verso una configurazione toroidale (S⬇).
- Gli assi di imprinting e outprinting iniziano a convergere, preparando il sistema alla formazione dell'elica cosmica e all'emissione della materia condensata.

2. Verso l'Espansione:
- Se l'energia di espansione supera la gravità, lo Stratoverso torna a una configurazione sferica (S⬆), riprendendo un ciclo di espansione accelerata.

La fase discoidale è un momento di grande importanza nel ciclo dello Stratoverso, un punto di equilibrio precario che segna la transizione tra dinamiche cosmiche opposte. Rappresenta non solo una configurazione geometrica unica, ma anche un'occasione per comprendere come le forze universali agiscano per mantenere un delicato equilibrio tra contrazione e espansione.

Nel prossimo capitolo, esploreremo come questa fase si collega con la successiva configurazione toroidale e come lo Stratoverso riesca a trasformare le sue dinamiche in modo armonico ed elegante.

Capitolo 9 - Lo Stratoverso Toroidale: La fase di contrazione e i processi associati di scambio e inversione delle frecce spazio-temporali.

La fase toroidale dello Stratoverso rappresenta uno degli stadi più affascinanti e complessi della sua evoluzione. Durante questa fase, il sistema raggiunge un livello di densità e interconnessione senza precedenti, manifestando una struttura che non è più sferica ma toroidale, con caratteristiche uniche che includono l'inversione delle frecce spazio-temporali.

La Transizione alla Forma Toroidale

Nel passaggio dallo stato sferico (S⬆) allo stato toroidale (S⬇), lo Stratoverso subisce una trasformazione profonda. Gli assi spazio-temporali, inizialmente curvati sotto il peso della materia, si piegano ulteriormente fino a toccarsi in corrispondenza dei poli, dando origine a una struttura toroidale. Questo contatto tra i punti di imprinting e outprinting genera un momento critico in cui le proprietà dello spazio e del tempo si alterano radicalmente.

Durante questa transizione:

- La gravità concentrata ai poli spinge la materia verso il centro del toroide, dove si verifica un'emissione di condensato.
- La curvatura dello spazio-tempo si intensifica, portando alla formazione di flussi di materia che

attraversano il toroide, collegando i due poli in un ciclo continuo.

Il Ruolo dei Punti di Imprinting e Outprinting

I punti di imprinting e outprinting, originariamente posizionati ai poli opposti dello Stratoverso sferico, assumono un ruolo centrale nella fase toroidale. Quando questi punti si toccano, si crea una struttura simile a un'elica a doppio infinito, simbolo visivo dell'incontro tra infinitamente grande e infinitamente piccolo.

Questi punti:
1. Imprinting: Si trasformano in un meccanismo di condensazione estrema, dove la materia e l'energia vengono compresse e canalizzate verso il centro del toroide.
2. Outprinting: Fungono da eiettori, emettendo materia e informazioni verso lo spazio esterno del pluriverso supremo.

Quando i punti di imprinting e outprinting si toccano, la transizione provoca uno scambio fondamentale delle direzioni delle frecce spazio-temporali. Questo scambio crea un'inversione simultanea dei flussi di materia, energia e tempo, dando origine a nuovi cicli cosmici.

L'Inversione delle Frecce Spazio-Temporali

L'inversione delle frecce rappresenta il fenomeno cardine di questa fase. Durante l'incontro tra i punti di imprinting e outprinting:

- La freccia del tempo, che normalmente avanza verso il futuro, subisce un'inversione per gli osservatori all'interno del toroide, portandoli a percepire una regressione temporale.
- La freccia dello spazio si riorienta, invertendo i flussi di espansione e contrazione.

Questo implica che ciò che era stato considerato il "centro" dello Stratoverso ora diventa il punto di espansione, e viceversa.

Questo processo non solo garantisce la continuità del ciclo stratoversale ma permette anche la redistribuzione della materia e dell'energia nei vari universi-strato.

I Flussi di Materia e Condensato

Un elemento distintivo dello Stratoverso toroidale è l'emissione dei getti di condensato. Questa materia, fortemente purificata e compressa, viene espulsa dal centro del toroide verso il Pluriverso Supremo. Contemporaneamente, la materia restante negli universi-strato interni viene ridistribuita, alimentando il successivo ciclo evolutivo dello Stratoverso.

- Condensato: Rappresenta una materia di altissima densità e purezza, il risultato di processi cosmici di raffinamento attraverso i cicli stratoversali.
- Distribuzione del condensato: Questo materiale alimenta la creazione di nuovi Stratoversi nel Pluriverso supremo, garantendo una continuità evolutiva su scala cosmica.

La Simmetria dell'Elica e il Toroide Pulsante
L'elica a doppio infinito, formata dai punti di imprinting e outprinting, funge da motore cosmico. La pulsazione del toroide, che alterna fasi di contrazione e espansione, regola l'interazione tra materia e energia all'interno dello Stratoverso.

Durante la contrazione:
- La materia si concentra verso il centro del toroide.
- Le informazioni registrate sugli orizzonti degli eventi vengono trasferite al pluriverso.

Durante l'espansione:
- La materia e l'energia purificate ritornano agli universi-strato esterni, avviando nuovi cicli di crescita e trasformazione.

Lo Stratoverso toroidale rappresenta un equilibrio dinamico tra forze opposte: contrazione ed espansione, compressione ed espulsione, passato e futuro. Questo stato transitorio ma cruciale dimostra come il cosmo, attraverso i suoi processi ciclici, mantenga una coerenza intrinseca che connette tutte le sue parti. La fase toroidale non è solo un momento di trasformazione, ma un punto di rinascita che prepara lo Stratoverso per i suoi futuri cicli di vita.

Capitolo 10: L'Inversione delle Frecce: Ciclicità dei flussi e risonanza cosmica

L'inversione delle frecce rappresenta uno degli eventi più affascinanti e determinanti dello Stratoverso. Questo fenomeno, che si verifica quando i punti di imprinting e outprinting si toccano, crea una trasformazione ciclica che altera i flussi di materia, spazio e tempo, inaugurando una nuova fase cosmica.

1. Meccanismo dell'Inversione delle Frecce

Lo Stratoverso attraversa diverse fasi: espansione, stasi (discoidale) e contrazione. Nel momento in cui i punti di imprinting e outprinting si incontrano, si verifica una riconfigurazione completa dei flussi cosmici. La materia e l'energia, che fino a quel momento seguivano una direzione definita, si invertono:

- Imprinting e outprinting si scambiano: Il punto che prima alimentava l'espansione della materia verso l'alto diventa il punto da cui la materia viene proiettata verso il basso, e viceversa.
- Flussi di materia e spazio si riconfigurano: L'espansione si trasforma in contrazione e la contrazione in espansione, creando una ciclicità eterna.

Questa inversione, osservata sia nello spazio che nel tempo, riflette la natura duale dello Stratoverso, in cui ogni fase si alterna e si completa.

2. Implicazioni Dinamiche

Alternanza dei flussi di espansione e contrazione

L'inversione delle frecce segna un reset cosmico che si ripercuote su tutte le bolle concentriche dello Stratoverso. Questo ciclo continuo presenta alcune caratteristiche chiave:
- Espansione verso l'esterno: Durante questa fase, le bolle universali si allontanano dal centro, creando spazio e tempo che si estendono in avanti.
- Contrazione verso l'interno: L'inversione reindirizza il flusso, portando la materia verso il centro e creando una nuova prospettiva cosmica.

La ciclicità perpetua

Questo scambio ciclico garantisce la rigenerazione dello Stratoverso. Ogni inversione rappresenta una pausa e un nuovo inizio, mantenendo l'equilibrio tra i processi di creazione e distruzione.

3. Conseguenze sull'Equilibrio del Sistema

Stabilità dello Stratoverso
L'inversione delle frecce contribuisce a preservare l'equilibrio a lungo termine:
- Durante l'espansione, il sistema accumula energia e materia.
- Durante la contrazione, il sistema si rigenera, conservando le informazioni attraverso la singolarità distribuita.

Rigenerazione della materia ed energia

Attraverso l'inversione, i distillati iperpuri e i condensati iperdensi vengono redistribuiti, fornendo
gli elementi fondamentali per l'evoluzione delle future fasi cosmiche.

4. Risonanza Temporale e Cosmica

Reset temporale

L'inversione delle frecce implica un reset temporale. Nel punto di incontro tra imprinting e outprinting, il passato e il futuro si annullano e si riorganizzano:
- Passato e futuro si ricongiungono: La freccia del tempo si inverte, offrendo una nuova prospettiva temporale all'interno dello Stratoverso.
- Reset cosmico: Ogni inversione ricalibra lo Stratoverso, sincronizzando le sue componenti e rinnovandone il ciclo.

Simmetria e armonizzazione

L'incontro tra imprinting e outprinting genera un simbolo che rappresenta il momento di massima armonia cosmica: l'elica dell'infinito. Questa struttura, visibile tridimensionalmente come un toroide pulsante, è il segno distintivo dell'inversione cosmica.

5. Implicazioni Filosofiche e Fisiche

L'inversione delle frecce non è solo un evento fisico, ma rappresenta una profonda armonia tra opposti:
- La transizione tra espansione e contrazione è un richiamo all'equilibrio intrinseco dell'universo.
- La risonanza tra passato e futuro, piccolo e grande, evidenzia l'interconnessione di tutte le fasi cosmiche.

L'inversione delle frecce, con la sua capacità di trasformare completamente le dinamiche del cosmo, è un fenomeno straordinario. Essa permette di vedere lo Stratoverso non come una sequenza lineare di eventi, ma come un ciclo eterno di creazione, trasformazione e rinascita. Con il suo movimento perpetuo, lo Stratoverso ci invita a considerare l'universo come un sistema vivo, in cui ogni fase è necessaria per il mantenimento del tutto.

L'inversione delle frecce nello Stratoverso è un evento di estrema importanza che segna la transizione tra le diverse fasi cosmiche (espansione, stasi, contrazione) e consente un riciclo perpetuo di energia, materia e spazio-tempo. Ecco come avviene praticamente questo fenomeno, suddiviso nei suoi passaggi principali:

1. Configurazione iniziale: Punti di imprinting e outprinting
Nella fase di espansione (S⬆) dello Stratoverso sferico:
- Il punto di imprinting si trova al polo sud dello Stratoverso, dove avviene l'alimentazione di materia e energia verso l'espansione.

- Il punto di outprinting, al polo nord, agisce come un confine in cui l'espansione raggiunge il massimo limite.

2. Avvicinamento dei punti di imprinting e outprinting
Quando lo Stratoverso entra nella fase intermedia (discoidale o S~):
- La curvatura dello spazio-tempo aumenta, spingendo gradualmente i poli nord e sud verso il centro.
- Gli assi spazio-temporali, che nella fase espansiva erano ancora distinti, iniziano a piegarsi su se stessi.
- Le bolle concentriche interne dello Stratoverso subiscono una contrazione progressiva, che spinge materia ed energia verso il centro.

3. Fusione dei punti di imprinting e outprinting
Nella fase di contrazione totale (S⬇)
- I due poli, nord e sud, si incontrano formando un unico punto centrale, dove imprinting e outprinting si sovrappongono.
- Questa sovrapposizione crea un'elica cosmica bidimensionale, visibile come due simboli dell'infinito incrociati (uno lungo l'asse della materia e l'altro lungo l'asse del tempo).
- In questo momento critico, la direzione dei flussi di materia, spazio e tempo si inverte:
  - La materia che prima si espandeva verso l'esterno viene riassorbita.
  - La freccia del tempo si ribalta, invertendo il passato e il futuro.

4. Espulsione e inversione
Quando i due punti di imprinting e outprinting si sovrappongono:
- L'energia residua accumulata durante l'espansione viene rilasciata sotto forma di un emissione toroidale, che si irradia verso l'esterno dal centro del toroide formatosi.
- L'emissione toroidale segna la fase finale del collasso e il trasferimento di energia/materia verso una nuova espansione, che avverrà con le frecce invertite:
  - Il punto di imprinting diventa un punto di outprinting.
  - Il punto di outprinting diventa un punto di imprinting.

5. Riformazione delle circonferenze
Dopo l'emissione del getto toroidale:
- I poli si separano nuovamente, riformando la struttura sferica dello Stratoverso.
- La materia e l'energia iniziano a fluire nella direzione opposta rispetto al ciclo precedente:
  - Ciò che era una fase di contrazione si trasforma in espansione (o viceversa).
  - La curvatura degli assi si riallinea gradualmente, preparando lo Stratoverso per un nuovo ciclo.

6. Ripresa del ciclo cosmico
Con l'inversione completata:
- Il flusso di materia e tempo segue le nuove direzioni delle frecce:
- Espansione verso il basso o contrazione verso l'alto, a seconda della fase.
- La simmetria del sistema garantisce che ogni inversione mantenga la coerenza del ciclo cosmico,

integrando le informazioni registrate durante le fasi precedenti.

Rappresentazione visiva

- Nella fase critica di sovrapposizione dei poli, lo Stratoverso appare come un toroide con due flussi contrapposti, simile a una doppia elica.
- Dopo l'inversione, il sistema si riallinea, riacquistando gradualmente la forma sferica o toroidale a seconda della fase cosmica.

L'inversione delle frecce è quindi un fenomeno ciclico e fondamentale che non solo garantisce la continuità dello Stratoverso, ma permette anche un costante rinnovamento delle sue componenti energetiche e materiali, mantenendo il bilanciamento tra espansione e contrazione.

L'inversione delle frecce nello Stratoverso rappresenta un evento cruciale, sia dal punto di vista cosmologico che concettuale. È il momento in cui le direzioni fondamentali del flusso di spazio, tempo e materia si ribaltano, innescando una nuova fase evolutiva per lo Stratoverso. Approfondiamo questo meccanismo in modo esteso e chiaro.

La Natura delle Frecce: Spazio, Tempo e Materia

Le frecce nello Stratoverso rappresentano:

1. La freccia del tempo: Indica il flusso temporale dal passato al futuro. Nell'espansione, questa freccia è orientata verso il futuro; nella contrazione, si rivolge apparentemente verso il passato.
2. La freccia dello spazio/materia: Rappresenta il flusso di materia e spazio, dall'interno verso l'esterno (espansione) o dall'esterno verso l'interno (contrazione).

Queste due frecce, sebbene distinte, sono interconnesse, riflettendo il legame tra dinamiche temporali e fisiche.

Il Momento dell'Inversione

L'inversione delle frecce avviene in un punto preciso del ciclo cosmico, quando:

- Lo Stratoverso passa dalla fase di contrazione (S⬇) a quella di espansione (S⬆), o viceversa.
- I punti di imprinting e outprinting si toccano, creando un momento di transizione cataclismico ma ordinato.

In quel momento:
1. La freccia del tempo si inverte per gli osservatori interni. Percepiscono una regressione temporale (nel caso di contrazione) o una progressione accelerata (nel caso di espansione).
2. La freccia dello spazio/materia si ribalta, portando la materia dall'interno verso l'esterno o viceversa.

Meccanismo Fisico dell'Inversione

1. Il Ruolo del Toroide:

- Durante la fase toroidale (S⬇), lo Stratoverso si contrae, piegando ulteriormente le circonferenze degli assi spazio-temporali. L'incontro dei punti di imprinting e outprinting trasforma questa configurazione in una struttura di emissione.
- Il toroide agisce come un canale, con i getti di materia ed energia che escono dal punto di outprinting per essere riciclati nel punto di imprinting. Questo scambio chiude il ciclo, preparando una nuova espansione.

2. Il Momento dell'Elica Cosmica:

- Quando i punti si toccano, lo Stratoverso entra in una configurazione simile a un'elica cosmica, dove i flussi di materia e tempo si intrecciano.
- In questa configurazione, il tempo e lo spazio/materia si comprimono e si espandono simultaneamente, invertendo le frecce.

3. Olografia e Singolarità Distribuita:

- L'inversione delle frecce avviene nel contesto della singolarità distribuita. In questa superficie bidimensionale, tutte le informazioni del ciclo precedente vengono conservate e riorganizzate per alimentare il ciclo successivo.
- Gli osservatori percepiscono questa inversione come un cambio di direzione nello scorrere del tempo e nella propagazione dello spazio.

Percezione degli Osservatori

1. In Espansione (S⬆):
   - Gli osservatori percepiscono il tempo come un flusso verso il futuro, e lo spazio si dilata.
   - La materia sembra allontanarsi dal centro, distribuendosi uniformemente.

2. In Contrazione (S⬇):
   - Gli osservatori percepiscono il tempo come un ritorno al passato, e lo spazio si restringe.
   - La materia si dirige verso il centro, aumentando la densità.

3. Nel Momento dell'Inversione:
   - Per gli osservatori, il passaggio tra espansione e contrazione (o viceversa) è impercettibile a livello diretto. Tuttavia, il cambiamento delle frecce può manifestarsi attraverso:
   - Alterazioni improvvise nella percezione del tempo.
   - Variazioni nelle dinamiche dello spazio/materia circostante.

Il Significato dell'Inversione

L'inversione delle frecce non è solo un evento fisico ma un meccanismo essenziale per il riciclo e la rigenerazione cosmica:
- Rinnovo dell'energia e della materia: La materia compressa e "distillata" nel punto di outprinting

viene reintegrata nel sistema attraverso il punto di imprinting.
- Riorganizzazione temporale: L'inversione permette al tempo di seguire un ciclo continuo, evitando un'interruzione lineare.

Modelli Analoghi nell'Universo Osservabile
1. Getti di Quasar e Buchi Neri:
- Nei quasar, i getti di materia possono rappresentare un fenomeno simile, dove la materia viene espulsa da un sistema altamente denso.
- I buchi neri, con i loro orizzonti degli eventi, ricordano la conservazione delle informazioni nella singolarità distribuita.

2. Cicli Temporali nella Relatività Generale:
- La relatività generale prevede configurazioni in cui il tempo può assumere un comportamento ciclico o ricorsivo, similmente all'inversione descritta nello Stratoverso.

L'inversione delle frecce nello Stratoverso rappresenta un momento di transizione fondamentale.

È il punto in cui l'espansione e la contrazione si incontrano, dove passato e futuro si toccano, e dove spazio e materia si riciclano per alimentare il ciclo successivo. Questa dinamica sottolinea l'eleganza di un modello cosmico che non solo evolve ma si rigenera perpetuamente.

Capitolo 11: La Singolarità Distribuita e l'Orizzonte degli Eventi: Approfondimento del Backup Cosmico

La singolarità distribuita e l'orizzonte degli eventi sono due concetti fondamentali che ridefiniscono la nostra comprensione dei processi cosmici nello Stratoverso. A differenza della concezione classica di una singolarità puntiforme, come ipotizzata nei buchi neri, la singolarità distribuita si estende su tutta la superficie interna di un universo-strato, conferendogli una struttura bidimensionale. Questo capitolo esplora come questi concetti siano strettamente collegati al fenomeno del Backup cosmico, un meccanismo che preserva le informazioni e l'energia di ogni universo durante il collasso.

La Singolarità Distribuita

La singolarità distribuita non è un punto singolo nello spazio-tempo, ma una membrana bidimensionale che ricopre l'intera superficie interna di un universo-strato. Questa superficie rappresenta il confine tra due universi strato: uno in fase di collasso e uno in espansione.

Funzione cosmica:
- La singolarità distribuita agisce come una "stazione di transito" per l'energia e le informazioni.
- Durante il collasso di un universo-strato, tutta la materia e l'energia si condensano uniformemente su questa superficie, anziché convergere in un punto centrale.

Proprietà fondamentali:
- Bidimensionalità: La singolarità distribuita è una superficie piatta, coerente con il principio olografico, secondo il quale tutte le informazioni di un sistema tridimensionale possono essere rappresentate su un confine bidimensionale.
- Conservazione delle informazioni: Ogni evento, particella e interazione dell'universo collassato viene "stampato" sulla singolarità distribuita.

L'Orizzonte degli Eventi

L'orizzonte degli eventi è il confine che separa l'interno di un universo-strato dal suo esterno. In uno Stratoverso, l'orizzonte degli eventi si trova esattamente sulla singolarità distribuita, rendendo quest'ultima non solo una frontiera fisica ma anche una superficie di registrazione cosmica.

Ruolo nell'evoluzione dello Stratoverso:
- L'orizzonte degli eventi non è statico: si espande o si contrae in base alla fase dello Stratoverso (S⬆, S~ o S⬇).
- Durante il collasso, l'orizzonte degli eventi immagazzina tutte le informazioni dell'universo strato, garantendo che nulla venga perso.

Interazioni tra gli universi strato:
- Ogni orizzonte degli eventi agisce come un ponte tra universi strato sovrastanti e sottostanti, facilitando il trasferimento di energia e informazioni.

Il Backup Cosmico

Il concetto di Backup cosmico emerge dalla combinazione di singolarità distribuita e orizzonte degli eventi. È il processo attraverso il quale le informazioni e l'energia di un universo-strato vengono preservate durante la transizione tra fasi cosmiche.

Meccanismo del Backup:

- Durante la contrazione, l'energia gravitazionale e le interazioni quantistiche si concentrano sulla singolarità distribuita.
- L'informazione immagazzinata include ogni evento accaduto all'interno dell'universo-strato.
- Questo Backup assicura che nulla venga perso, permettendo che le informazioni possano essere riutilizzate in cicli futuri.

Conservazione delle informazioni:

- In conformità con il principio olografico, tutto ciò che accade in un universo tridimensionale viene "proiettato" sulla superficie bidimensionale della singolarità distribuita.
- Questo garantisce che, anche durante un collasso completo, l'essenza dell'universo venga preservata.

Integrazione con il Ciclo dello Stratoverso

La singolarità distribuita e l'orizzonte degli eventi svolgono ruoli cruciali nel ciclo eterno dello Stratoverso:

In fase di espansione (S⬆):
- L'orizzonte degli eventi si espande, permettendo agli universi strato di accumulare energia e materia.

In fase di stasi (S~):
- La singolarità distribuita diventa una "membrana di transizione", preparando il passaggio alla fase di contrazione.

In fase di contrazione (S⬇):
- Le informazioni registrate sull'orizzonte degli eventi vengono compresse e integrate nel ciclo successivo, garantendo la continuità cosmica.

Relazione con la Frattalità dello Stratoverso

La natura frattale dello Stratoverso implica che lo stesso processo di Backup cosmico e di conservazione delle informazioni si ripeta a ogni livello:
- Ogni universo-strato rappresenta una "copia" delle informazioni olografiche del livello sovrastante.
- Questa ripetizione crea un sistema interconnesso, in cui ogni fase dello Stratoverso è legata alle altre.

La singolarità distribuita e l'orizzonte degli eventi sono pilastri fondamentali dello Stratoverso. Essi non solo spiegano come l'universo conserva le informazioni durante il collasso, ma offrono anche una visione rivoluzionaria della natura ciclica e interconnessa del cosmo. Attraverso il processo di Backup cosmico, ogni universo-strato contribuisce al mantenimento dell'intero sistema, creando un equilibrio dinamico che garantisce la continuità dello Stratoverso e la sua eterna evoluzione.

Capitolo 12: La Coscienza nello Stratoverso

La coscienza è uno degli elementi più affascinanti e misteriosi del nostro universo. Nel contesto dello Stratoverso, essa non è solo una caratteristica emergente, ma un attore centrale che interagisce con la struttura stessa degli universi-strato. Questo capitolo esplora il ruolo della coscienza nel modello stratoversale, analizzandone la sua evoluzione, le implicazioni e il potenziale contributo all'equilibrio cosmico.

La Coscienza come Fenomeno Universale

Nel modello stratoversale, la coscienza è vista come una proprietà intrinseca di ogni universo-strato. Ogni bolla, posizionata concentricamente nello Stratoverso, possiede un proprio livello di complessità, influenzato sia dalla sua posizione che dalla fase in cui si trova: espansione (S⬆), contrazione (S⬇) o stasi (S~). Questa complessità si traduce in differenti tipi di coscienza:
- Coscienza primaria: Presente negli universi più interni, legata alla materia densa e alla gravità, dominante.
- Coscienza intermedia: E' una coscienza in evoluzione, pargonabile a quella degli esseri umani.
- Coscienza evoluta: Emergente negli strati più esterni, dove la materia si dirada e l'energia favorisce stati più elevati di consapevolezza.

L'Interazione tra Coscienza e Stratoverso

Ogni universo-strato rappresenta un "laboratorio cosmico" in cui la coscienza evolve attraverso cicli di espansione e contrazione. La coscienza non è passiva, ma interagisce attivamente con la materia e l'energia:
- Ciclo espansivo: Durante l'espansione, la coscienza si affina e si distilla, raggiungendo forme iperpure nei livelli esterni dello Stratoverso.
- Ciclo contrattivo: Nella contrazione, la coscienza si condensa, trasformandosi in un nucleo iperdenso di esperienze e conoscenze latenti, pronto per un nuovo ciclo.

L'Influenza della Singolarità Distribuita

La singolarità distribuita, punto cardine del modello stratoversale, svolge un ruolo cruciale nella conservazione della coscienza. Durante la fase di collasso di un universo-strato, la coscienza viene registrata sull'orizzonte degli eventi, garantendo che nulla vada perduto. Questo processo crea una sorta di "memoria cosmica" accessibile nei cicli successivi.

La Coscienza e i Cicli Temporali

Un aspetto unico dello Stratoverso è la possibilità che le coscienze negli universi in contrazione (S⬇) esperiscano una percezione inversa del tempo rispetto a quelle negli universi in espansione (S⬆). Questo porta a un'interazione unica:

- Le coscienze che ripercorrono il passato nei cicli contrattivi offrono una prospettiva storica e accumulano conoscenza.
- Le coscienze che si muovono verso il futuro nei cicli espansivi contribuiscono all'innovazione e alla crescita.

La Dinamica Globale della Coscienza

Nel complesso Stratoverso, la coscienza collettiva gioca un ruolo fondamentale nell'equilibrio cosmico. Le coscienze iperpure, distillate negli universi esterni, e i nuclei condensati negli universi interni sono complementari:

- Distillato iperpuro: Le coscienze altamente evolute si integrano nel Pluriverso Supremo, contribuendo a nuove creazioni cosmiche.
- Condensato iperdenso: Le coscienze purificate ma non iperelevate vengono reintrodotte nel Pluriverso Supremo per alimentare nuovi cicli di formazione stratoversale.

La coscienza nello Stratoverso non è un semplice fenomeno emergente, ma un elemento attivo e dinamico. Essa collega universi, cicli e dimensioni, creando un filo conduttore che attraversa tutto lo Stratoverso. Comprendere il suo ruolo significa aprire una finestra sull'essenza stessa del nostro modello cosmico, rivelando che la coscienza è, in ultima analisi, il cuore pulsante dello Stratoverso.

Capitolo 13: Filosofia e Spiritualità dello Stratoverso

Lo Stratoverso, con la sua complessa struttura multidimensionale e i suoi cicli infiniti di espansione e contrazione, non è solo un concetto scientifico: rappresenta anche un potente simbolo filosofico e spirituale. In questo capitolo, esploreremo come lo Stratoverso possa offrire un ponte tra scienza, filosofia e spiritualità, aprendo nuovi orizzonti per comprendere il significato dell'esistenza e la nostra connessione con il tutto.

Unione tra Scienza e Filosofia

Lo Stratoverso ci invita a considerare domande profonde sulla natura della realtà, sul tempo, sulla materia e sulla coscienza. La sua struttura e dinamica possono essere interpretate come una metafora potente per esplorare concetti filosofici millenari:

L'eterna ciclicità:
- L'espansione, la stasi e la contrazione del cosmo rispecchiano molte tradizioni filosofiche che vedono la realtà come un ciclo infinito di creazione, distruzione e rinascita.
- Il modello dello Stratoverso toroidale evoca simboli antichi come l'Ouroboros, il serpente che si morde la coda, rappresentando l'unità eterna e il rinnovamento.

La frattalità dell'esistenza:
- La natura frattale dello Stratoverso suggerisce che ogni parte del cosmo è un riflesso del tutto, una visione che trova eco in filosofie come il panteismo e il principio olografico.
- Ogni universo-strato può essere visto come un microcosmo del macrocosmo, un tema ricorrente nella filosofia ermetica e nelle tradizioni mistiche.

Coscienza e Stratoverso

Lo Stratoverso offre una nuova prospettiva sulla coscienza, concependola come un elemento fondamentale e interconnesso del cosmo. In questa visione, la coscienza non è limitata alla mente umana, ma è intrinseca all'evoluzione stessa dello Stratoverso.

Coscienza come ponte:
- La coscienza potrebbe essere il legame tra gli universi-strato, capace di navigare tra l'infinitamente piccolo e l'infinitamente grande.
- Questo concetto risuona con l'idea di una "coscienza cosmica", condivisa da molte tradizioni spirituali.

Il ruolo dei distillati cosmici:
- Nella fase di espansione (S⬆), le coscienze iperpure integrate nelle bolle esterne possono essere viste come il risultato ultimo dell'evoluzione spirituale.
- Nel momento di contrazione (S⬇), le coscienze latenti nei condensati rappresentano un potenziale in attesa di essere risvegliato.

Il Simbolismo della Sfera di Dio

La "Sfera di Dio", con i suoi assi piegati e il suo incontro ciclico tra infinitamente grande e infinitamente piccolo, rappresenta una straordinaria metafora spirituale.

L'unità del tutto:
- La sfera ci ricorda che tutti gli universi, pur essendo distinti, fanno parte di un unico sistema interconnesso.

- Il punto di imprinting e il punto di outprinting possono essere visti come simboli del ciclo di nascita e rinascita, un tema centrale in molte tradizioni religiose.

Il doppio infinito:
- I due simboli dell'infinito che si formano quando i punti di imprinting si toccano evocano il concetto di dualità e unità, di equilibrio tra opposti.

Le Tre Fasi dello Stratoverso e la Spiritualità

Ogni fase dello Stratoverso – S⬆, S~, S⬇ – può essere interpretata in termini spirituali, rappresentando stadi diversi di un viaggio cosmico e interiore:

1. Fase di Espansione (S⬆):
    - Simbolo di crescita, esplorazione e integrazione.
    - Evoca il cammino verso la luce, l'elevazione e la scoperta.

2. Fase di Stasi (S~):
   - Simbolo di equilibrio e riflessione.
   - Rappresenta il momento di sospensione, di contemplazione e di preparazione per il cambiamento.

3. Fase di Contrazione (S⬇):
   - Simbolo di purificazione e rinnovamento.
   - Rappresenta il ritorno all'essenza, al nucleo, e l'opportunità di rinascita.

Risonanze con le Tradizioni Spirituali

Il modello dello Stratoverso trova corrispondenze sorprendenti con molte tradizioni spirituali:

Buddismo:
L'idea del ciclo di espansione e contrazione rispecchia il Samsara, il ciclo di nascita, morte e rinascita.

Cristianesimo:
La ciclicità dello Stratoverso può essere vista come una rappresentazione del concetto di resurrezione e vita eterna.

Ebraismo:
Il concetto di Stratoverso richiama l'Albero della Vita, con i suoi percorsi di ascensione e discesa attraverso i Sefirot.

Islam
Centrale per l'Islam è il principio dell'unità di Dio (Tawhid), che risuona con la rappresentazione del Pluriverso come un sistema interconnesso e armonioso. Lo Stratoverso non è solo una descrizione del cosmo fisico, ma anche un modello che ci invita a riflettere sulla nostra posizione nell'universo e sul significato dell'esistenza. La sua capacità di unire scienza, filosofia e spiritualità apre nuove possibilità per esplorare il mistero del tutto. Mentre i confini tra le discipline si dissolvono, lo Stratoverso emerge come un simbolo universale di unità, evoluzione e connessione.

Capitolo 14: Conclusioni Generali

Riflessioni sullo Stratoverso

L'esplorazione dello Stratoverso ha permesso di costruire un modello universale capace di unire i concetti più avanzati della scienza con intuizioni filosofiche profonde. Dalla singolarità distribuita alle dinamiche del doppio infinito, dallo scambio delle frecce alla geometria della Sfera di Dio, il percorso tracciato in questo libro suggerisce che la nostra comprensione del cosmo non è solo un'indagine sul mondo fisico, ma anche un viaggio verso le radici del significato e della coscienza.

Lo Stratoverso ci insegna che ogni universo non è isolato, ma fa parte di un sistema interconnesso e ciclico. Espansione, contrazione e stasi non sono solo eventi fisici, ma rappresentano fasi complementari di un unico disegno. La dinamica olografica e frattale dello Stratoverso ci invita a considerare l'universo come un'entità viva, pulsante e capace di trasformarsi continuamente.

La Meccanica dello Stratoverso

Attraverso i suoi stati principali – S⬆, S~ e S⬇ – lo Stratoverso offre una visione del cosmo in costante evoluzione:

1. Espansione (S⬆):

- Un momento di crescita e dispersione dell'energia, in cui la materia si espande verso il vasto.
- È il regno della creatività, dove gli universi-strato esterni si espandono e il ciclo cosmico raggiunge nuove frontiere.

2. Stasi (S~):
- Un equilibrio dinamico, simile a un disco, in cui lo Stratoverso assume una forma intermedia tra espansione e contrazione.
- Questo stato rappresenta un momento di riflessione e riorganizzazione cosmica.

3. Contrazione (S⬇):
- La materia ritorna al centro, gli universi-strato si riavvicinano, fino a formare il toroide e l'elica cosmica.
- È il momento in cui l'infinitamente piccolo e l'infinitamente grande si incontrano, rigenerando il cosmo attraverso i punti di imprinting e outprinting.

Il Ruolo della Coscienza e della Materia

Lo Stratoverso non è solo un modello fisico; include anche il ruolo della coscienza, che partecipa al ciclo cosmico attraverso due distillati principali:

Il distillato iperpuro:
- Generato nelle bolle esterne in fase di espansione, rappresenta il contributo delle coscienze più elevate al Pluriverso Supremo.

Il condensato iperdenso:
- Prodotto dai punti di outprinting in fase di contrazione, apporta materia depurata e pronta per una nuova creazione.

Questi due flussi, complementari, alimentano il ciclo eterno dello Stratoverso e del Pluriverso, unendo materia e coscienza in una danza universale.

L'Inversione delle Frecce

L'inversione delle frecce di spazio e tempo rappresenta uno dei concetti più straordinari dello Stratoverso:

- Quando i punti di imprinting e outprinting si toccano, avviene un rimescolamento delle direzioni spazio-temporali.
- La materia e il tempo fluiscono in modo opposto, permettendo al ciclo cosmico di rigenerarsi in una nuova configurazione.

Questo meccanismo dimostra come la natura stessa del cosmo sia basata su una complementarità dinamica, dove ogni fase prepara la strada per quella successiva.

La sfera di Dio: Simbolo dell'Infinito

La Sfera di Dio, con la sua geometria unica, rappresenta il cuore simbolico e geometrico dello Stratoverso. È il luogo dove le dimensioni bidimensionali e tridimensionali si incontrano, formando un modello che abbraccia il tempo, la materia e la coscienza.

La sfera pulsante è la manifestazione dell'equilibrio tra l'infinitamente grande e l'infinitamente piccolo, tra il passato e il futuro, dimostrando che l'universo non è mai statico, ma in continuo cambiamento.

Una Visione Integrata

Questo libro propone una visione integrata del cosmo, in cui:

- La scienza esplora i meccanismi fisici dello Stratoverso.
- La filosofia riflette sulle implicazioni del modello per la comprensione della realtà.
- La spiritualità suggerisce che lo Stratoverso non è solo un luogo fisico, ma un sistema intrinsecamente legato alla coscienza e al significato.

Un Invito alla Comunità Scientifica

Questa teoria, sebbene ancora in una fase preliminare, offre una piattaforma per nuove esplorazioni scientifiche e filosofiche. Invitiamo la comunità accademica e i ricercatori a sviluppare modelli matematici più precisi, a esplorare le implicazioni del modello del doppio infinito e a verificare le connessioni con le osservazioni cosmologiche.

Il Viaggio Continua

Lo Stratoverso non è solo un concetto teorico, ma una visione che apre nuove possibilità per la comprensione dell'universo. Il viaggio verso la scoperta non è mai finito, e ogni passo ci avvicina a una comprensione più profonda di chi siamo e del nostro posto nel cosmo.

Concludiamo con la consapevolezza che lo Stratoverso, con le sue infinite possibilità e il suo eterno ciclo di creazione e rigenerazione, non è solo un modello del cosmo, ma un simbolo della continua ricerca di conoscenza e significato. L'universo ci invita a esplorare, a riflettere e a scoprire, in un viaggio senza fine verso l'infinito.

Appendice: Glossario dei Termini Utilizzati

Di seguito è riportato un elenco dei termini chiave utilizzati nel libro, accompagnati da una breve definizione per facilitarne la comprensione.

Stratoverso

Un sistema cosmologico composto da universi-strato concentrici, simili a una matrioska cosmica. Ogni strato rappresenta un universo con caratteristiche proprie, ma interconnesso con gli altri attraverso dinamiche comuni.

Universo-Strato

Un singolo strato all'interno dello Stratoverso. Ogni universo-strato ha una propria dimensione, ciclo vitale e comportamento, ma è influenzato dagli strati sovrastanti e sottostanti.

Singolarità Distribuita

Un concetto avanzato secondo cui l'energia e le informazioni di un universo collassato non sono concentrate in un unico punto, ma distribuite lungo l'intera superficie bidimensionale dell'orizzonte degli eventi.

Orizzonte degli Eventi

Il confine bidimensionale che circonda ogni universo-strato. È il luogo in cui vengono immagazzinate le informazioni durante il collasso di un universo, secondo il principio olografico.

Principio Olografico

Una teoria secondo cui tutte le informazioni di un universo tridimensionale possono essere rappresentate su una superficie bidimensionale, come l'orizzonte degli eventi.

Fase S⬆ (Espansione)
Una fase dello Stratoverso caratterizzata dall'espansione degli universi-strato e dalla predominanza di dinamiche che ampliano spazio e materia.

Fase S⬇ (Contrazione)
Una fase dello Stratoverso in cui gli universi-strato iniziano a collassare, con il flusso di materia e spazio che converge verso il centro.

Fase S~ (Stasi)
Una fase intermedia dello Stratoverso in cui lo stato è relativamente stabile, con una leggera curvatura verso una forma discoidale.

Punti di Imprinting e Outprinting

Punto di Imprinting: La posizione in cui si genera l'energia e la materia che alimentano lo Stratoverso.

Punto di Outprinting: Il punto opposto all'imprinting, dove la materia e l'energia vengono espulse, invertendo i flussi spazio-temporali.

Inversione delle Frecce

Un fenomeno cosmologico in cui, nel momento in cui i punti di imprinting e outprinting si toccano, avviene un'inversione dei flussi spazio-temporali, alterando le direzioni di espansione e contrazione.

Toroide

La forma geometrica assunta dallo Stratoverso in fase di contrazione (S⬇). È caratterizzata da un buco centrale e da una struttura circolare che facilita i flussi di materia.

Sfera di Dio

Un modello che rappresenta il passaggio e la complementarità tra le dimensioni bidimensionali e tridimensionali. La Sfera di Dio è un simbolo geometrico che unisce l'infinitamente grande con l'infinitamente piccolo.

Getti Toroidali

Flussi di materia ed energia che vengono emessi dal centro del toroide durante la fase di contrazione dello Stratoverso, contribuendo a rimescolare spazio, tempo e materia.

Entanglement Cosmico

Una connessione profonda tra gli universi-strato, che permette alle dinamiche di uno di influenzare gli altri, creando un sistema interdipendente.

Distillato Iperpuro

Coscienze raffinate e altamente elevate che si integrano nel pluriverso trascendente durante la fase di espansione.

Condensato Iperdenso

Materia altamente concentrata e purificata, espulsa durante la fase di contrazione per alimentare la costruzione di nuovi pluriversi.

Pluriverso Trascendente Supremo

La somma di tutti gli stratoversi, concepita come un sistema cosmico infinito in cui i singoli stratoversi contribuiscono con distillati e condensati alla creazione di nuovi sistemi.

Simbolo dell'Elica Cosmica

Una rappresentazione del momento in cui i punti di imprinting e outprinting si toccano, formando due simboli dell'infinito perpendicolari che simboleggiano il passaggio tra fasi diverse dello Stratoverso.

Backup Cosmico

Il processo attraverso il quale le informazioni di un universo-strato vengono preservate sull'orizzonte degli eventi durante il collasso, garantendo che nulla venga perduto nel ciclo cosmico.

Stratoverso Bidimensionale

La proiezione olografica degli universi-strato su una superficie bidimensionale, dove il tempo e lo spazio si curvano per formare un sistema chiuso.

Stratoverso Tridimensionale

La rappresentazione dello Stratoverso come una struttura tridimensionale in cui gli universi-strato si espandono e si contraggono in un ciclo perpetuo.

Riferimenti e Bibliografia

Albert Einstein

1. "Relativity: The Special and the General Theory", Penguin Classics, 1916.

2. "The Meaning of Relativity", Princeton University Press, 1922.

3. "Ideas and Opinions", Bonanza Books, 1954.

4. "The Evolution of Physics", con Leopold Infeld, Simon & Schuster, 1938.

Brian Greene

5. "The Fabric of the Cosmos: Space, Time, and the Texture of Reality", Alfred A. Knopf, 2004.

6. "The Elegant Universe", Vintage Books, 1999.

Stephen Hawking

7. "A Brief History of Time", Bantam Books, 1988.

8. "Black Holes and Baby Universes and Other Essays", Bantam Books, 1993.

9. "The Theory of Everything: The Origin and Fate of the Universe", Phoenix, 2002.

Carlo Rovelli

10. "Sette brevi lezioni di fisica", Adelphi, 2014.

11. "L'ordine del tempo", Adelphi, 2017.

12. "Helgoland", Adelphi, 2020.

Sir Roger Penrose

13. "The Emperor's New Mind", Oxford University Press, 1989.

14. "The Road to Reality", Alfred A. Knopf, 2004.

15. "Cycles of Time: An Extraordinary New View of the Universe", Bodley Head, 2010.

Paul Davies

16. "The Mind of God: The Scientific Basis for a Rational World", Simon & Schuster, 1992.

17. "The Goldilocks Enigma: Why Is the Universe Just Right for Life?", Allen Lane, 2006.

18. "God and the New Physics", Simon & Schuster, 1983.

19. "About Time: Einstein's Unfinished Revolution", Simon & Schuster, 1995.

Dalai Lama

20. "The Universe in a Single Atom: The Convergence of Science and Spirituality", Morgan Road Books, 2005.

Thich Nhat Hanh

21. "The Heart of Understanding", Parallax Press, 1988.

Max Tegmark

22. "Our Mathematical Universe", Alfred A. Knopf, 2014.

Carlo Novelli

23. "Cosmologia: Alla scoperta dell'universo", Il Mulino, 2021.

Michael Talbot

24. "The Holographic Universe", HarperPerennial, 1991.

Leonard Susskind

25. "The Black Hole War: My Battle with Stephen Hawking to Make the World Safe for Quantum Mechanics", Back Bay Books, 2008.

Sean Carroll

26. "The Big Picture: On the Origins of Life, Meaning, and the Universe Itself", Dutton, 2016.

Ilya Prigogine & Isabelle Stengers

27. "Order Out of Chaos", Bantam Books, 1984.

David Bohm

28. "Wholeness and the Implicate Order", Routledge, 1980.

Lee Smolin

29. "The Trouble with Physics", Houghton Mifflin Harcourt, 2006.

Julian Barbour

30. "The End of Time: The Next Revolution in Physics", Oxford University Press, 1999.

Robert Lanza

31. "Biocentrism", BenBella Books, 2009.

Altri riferimenti di rilievo

- Michio Kaku, "Parallel Worlds", Penguin Books, 2004.
- Fritjof Capra, "The Tao of Physics", Shambhala, 1975.
- Ervin Laszlo, "The Akashic Field: An Integral Theory of Everything", Inner Traditions, 2004.
- John Archibald Wheeler, "Geons, Black Holes, and Quantum Foam", W. W. Norton & Company, 1998.
- Lisa Randall, "Warped Passages: Unraveling the Mysteries of the Universe's Hidden Dimensions", Harper Perennial, 2005.

Indice

Prefazione: Introduzione all'opera, spiegando la genesi dell'idea e l'approccio umile e innovativo dell'autore.

Introduzione: Una panoramica avvincente che introduce i concetti principali senza svelare troppo, stimolando la curiosità del lettore.

Capitolo 1 - Concetto di Stratoverso, Entanglement e Backup Cosmico: Fondamenti del modello dello Stratoverso e il suo legame con entanglement e conservazione delle informazioni.

Capitolo 2 - Lo Stratoverso Bidimensionale Olografico: Esplorazione del Modello Olografico del Cosmo.

Capitolo 3: Materia Oscura e Energia Oscura nello Stratoverso Sferico.

Capitolo 4 - Lo Stratoverso Tridimensionale: Descrizione del passaggio e della complementarità tra dimensioni bidimensionali e tridimensionali.

Capitolo 5 - Gli Assi di Formazione: Analisi della genesi degli assi spazio-temporali e della loro curvatura verso una rappresentazione olografica.

Capitolo 6 - La Sfera di Dio: Studio della forma geometrica e del significato simbolico della "Sfera di Dio".

Capitolo 7 - Lo Stratoverso Sferico: Dettaglio del modello stratoversale in fase di espansione.

Capitolo 8 - Lo Stratoverso Discoidale: Lo Stratoverso in stato intermedio, simile a un disco, e la transizione verso altre fasi.

Capitolo 9 - Lo Stratoverso Toroidale: La fase di contrazione e i processi associati di scambio e inversione delle frecce spazio-temporali.

Capitolo 10: L'Inversione delle Frecce: Ciclicità dei flussi e risonanza cosmica

Capitolo 11 - La Singolarità Distribuita e l'Orizzonte degli Eventi: Approfondimento del Backup Cosmico: Una riflessione approfondita sul ruolo della singolarità distribuita e della conservazione delle informazioni.

Capitolo 12 - La Coscienza nello Stratoverso: Implicazioni della presenza e dell'evoluzione della coscienza all'interno del modello stratoversale.

Capitolo 13 - Filosofia e Spiritualità dello Stratoverso: Una connessione tra scienza, filosofia e spiritualità.

Capitolo 14 - Conclusioni Generali: Sintesi e riflessioni finali sull'importanza e sull'originalità del modello presentato.

Appendice: Definizioni e considerazioni aggiuntive che supportano il testo principale.

I riferimenti citati in questo libro sono stati inclusi per scopi di studio, riflessione e divulgazione. I diritti d'autore rimangono dei rispettivi titolari.

Questo libro presenta un'interpretazione personale delle teorie e dei concetti citati. Le opinioni espresse sono dell'autore e non rappresentano necessariamente quelle degli studiosi o delle fonti menzionate.

Nota Finale

Questo libro nasce dalle idee, dalle riflessioni originali e dalla creatività dell'autore, arricchite dalla possibilità di ampliare concetti complessi attraverso strumenti di AI dimostrando il potenziale di una collaborazione tra umanità e tecnologia al servizio della conoscenza.

stratoversosferico@gmail.com

Stratoverso © 2024 by Fabio Berti is licensed under CC BY-NC-SA 4.0

www.ingramcontent.com/pod-product-compliance
Lightning Source LLC
Chambersburg PA
CBHW071105240526
45469CB00006BD/2334